U0196076

图书在版编目（CIP）数据

鸟巢筑成记 / 何鑫，程翊欣著 . -- 上海 : 少年儿童出版社，2024. 11. -- (多样的生命世界). -- ISBN 978-7-5589-1988-6

Ⅰ. Q959.7-49

中国国家版本馆 CIP 数据核字第 2024EV9674 号

多样的生命世界 · 萌动自然系列 ⑥

鸟巢筑成记

何　鑫　程翊欣　著
萌伢图文设计工作室　装帧设计
黄　静　封面设计

策划 王霞梅　谢瑛华
责任编辑 陆伟芳　美术编辑 施喆菁
责任校对 黄亚承　技术编辑 陈钦春

出版发行 上海少年儿童出版社有限公司
地址 上海市闵行区号景路 159 弄 B 座 5-6 层　邮编 201101
印刷 上海雅昌艺术印刷有限公司
开本 787 × 1092 1/16　印张 2.5　字数 9 千字
2025 年 1 月第 1 版　2025 年 1 月第 1 次印刷
ISBN 978-7-5589-1988-6/N · 1311
定价 42.00 元

本书出版后 3 年内赠送数字资源服务

多样的生命世界 ● 萌动自然系列 ⑥

鸟巢筑成记

● 何 鑫 程翊欣 / 著

我是动动蛙，欢迎你来到“多样的生命世界”。现在，就跟着我一起去探索鸟巢的世界吧！

密码：dydsmsj#2ncfinish

少年儿童出版社

家与巢

人类的祖先很早就在山洞中穴居，后来又搭建出各种适宜居住的房屋，称之为“家”。

很多野生动物也有“家”，就是它们的“巢”，但与人类的相比要简单很多。而且，野生动物的居所常常并不固定，它们经常更换自己的住处，从而找到更适宜的生活环境，也是为了保证自己的安全。

繁育之所

对于野生动物而言，“巢”最重要的功能是用来繁殖后代。当它们到了繁育的年龄和繁殖的季节，就会本能地寻找甚至修筑巢穴，为生育和抚养后代做准备。不过，动物不会一直住在“巢”里，完成养育后代的大计后，就会另寻他地。

动动蛙笔记

鸟巢为最

很多动物都是筑巢能手。哺乳动物中的河狸会在河道中“大兴土木”，筑起结构精巧、功能多样的巢穴，被誉为“水上建筑师”。其他的爬行动物以及无脊椎动物中的昆虫蜂类、蚂蚁、白蚁等也有不少杰出的筑巢者。不过要在动物世界中选择一类筑巢的代表，那一定是鸟类。

鸟生大计

在鸟类的世界里，像人类这样寻找固定居所并不现实。尚且不说很多具有迁徙习性的候鸟会随着季节的更迭，从一个地方飞到另一个地方进行繁殖或者过冬，少则几百千米，多则上万千米，就算一年四季居住在同一个地方的留鸟，即使有相对稳定的活动区域，在大多数时候也并不筑巢，而是随遇而安的。无论是留鸟还是候鸟，哪里有更充足的食物来源、更清洁方便的水源、更合适的隐蔽场所，哪里就是“家”，它们会在这个范围内觅食和停歇。但如果涉及鸟生大计——繁育后代，刻在鸟类基因里的本能就会被唤起，这时鸟巢就出现了！

鸟类繁殖季

只有在保证自身性命安全的前提下，在气候适宜、食物充足的时节，野生动物才能繁殖。鸟类在繁殖期会展现各式各样的求偶行为。通常雄鸟需要努力展现自己，或一展歌喉，或来段曼妙的舞蹈，也许还会提前修筑用于孵卵育雏的鸟巢，从而获得雌鸟的芳心。接着，鸟儿们会尽心尽力修筑和维护自己的巢，因为筑巢可是关系到鸟类一生中的大事——繁育后代。

鸟巢的价值

鸟类在繁殖期才会筑造起临时性的“家”——鸟巢。舒适的鸟巢有利于鸟儿产卵和孵化，也利于鸟爸爸、鸟妈妈哺育鸟宝宝。鸟巢一般比较隐蔽而安全，不易受到敌害侵扰。但这并不是雏鸟的固定居所。每年只有在繁殖期和育雏期，鸟巢才有实际价值。鸟儿们使用鸟巢的时间长则几个月，短则数十天。待雏鸟能够离巢生活，鸟儿们便会舍弃这个“家”。

多样鸟巢

鸟类通常在相对隐蔽的环境中筑巢。而鸟巢的形式、结构、所处位置等，则会因鸟的种类、生存环境和生活方式的不同而大相径庭。

鸟巢有的十分简单，寥寥几块石头、几根树枝，就围成了一个简易巢，甚至只是地面的一个小坑；有的直接借助于自然地形搭建；有的则十分精致，完全靠衔来巢材精心筑造而成，就像是心灵手巧的工匠完成的手工艺品。

动动蛙笔记　鸟巢种种

根据构成方式和筑巢地点的差异，大致可把鸟巢分为地面巢、水面巢、洞巢、墙壁巢和编织巢。在筑巢这件事上，每种鸟都有自己的独门绝技。

地面巢　水面巢　洞巢

墙壁巢　编织巢

极简地面巢

一些不会飞的鸟类，例如鸵鸟和企鹅等只能在地面上筑巢。但还有一些会飞的鸟类，例如俗称为野鸡的一些雉类，也在地面上筑巢。甚至还有不少飞行能力很强的鸟类，例如常年在大洋上漂泊的信天翁，也会在地面筑巢。

与筑在树上的鸟巢相比，地面上的鸟巢通常比较简单。但不同鸟巢之间还是有很大差别的。

非洲鸵鸟的沙坑

非洲鸵鸟体形庞大，不善于飞行，却能够在地面上快速奔跑。它们在沙地上筑巢。在完成了仪式性的求偶和交配环节后，雄鸵鸟负责在地面刨出一个浅浅的超大圆形沙坑，雌鸵鸟会在里面产下世界上最大的鸟蛋。鸵鸟的鸟巢能容纳 20 颗鸟蛋。雌雄鸵鸟轮流孵蛋，并共同保护鸟蛋的安全。

与非洲鸵鸟相似，生活在澳大利亚的鸸鹋和鹤鸵、南美洲的美洲鸵，所建的地面巢也属此类。

金眶鸻的保护色

金眶鸻是一种体形娇小的涉禽，金色的眼眶令它们看起来炯炯有神。它们喜欢在水边空旷而平坦的滩地上筑巢，会找来草茎、小石块等材料，搭建一个简易的圆形巢。

当雌金眶鸻发现有可疑的捕食者靠近时，会离开自己的鸟巢，佯装受伤的姿态，吸引敌人的注意力，把对方引走。不过，要想在斑驳的沙粒地上找到金眶鸻鸟巢也不是一件容易的事，因为鸟巢和周围环境很相似，连金眶鸻的鸟蛋上也带有众多斑纹，形成极佳的保护色。

筑巢平台上

有些鸟儿的地面巢会做出不少“升级”。例如生活在南极大陆的某些企鹅，会用石子和土砌出一个十几厘米高的碗状平台巢，然后安心地在上面孵蛋。具有长距离飞行能力的信天翁也会采取类似的方式筑巢。而且它们还会在泥土中添加植物的茎叶，增加泥巢的牢固性。

中华凤头燕鸥

动动蛙笔记 神话之鸟

许多海鸟都喜欢在孤悬于海面上的小岛上筑巢。有些小岛其实就是一块巨大的岩石，在鸟儿眼中那里就是最安全的地方。例如数量极少、被誉为“神话之鸟”的中华凤头燕鸥，会选择我国浙江省沿海的一些无人岛作为繁殖地。岛上的草地是它与近亲大凤头燕鸥的集中筑巢点。鸟儿们挤在一起分别制作平台巢，也算是一种依靠集体防御天敌的策略。

盐湖中的高台

火烈鸟又称红鹳，有许多种类，它们的共同特点是喜欢在盐度极高的湖泊泥滩地上修筑小土丘状的地面平台巢。在完成复杂的求偶舞蹈等仪式后，雌鸟雄鸟会共同筑巢。它们利用自己下弯状的嘴衔来泥土，修筑出一个高度可达 30 厘米的泥巢。这样即使水面上涨也不会将巢淹没，从而保证鸟蛋以及孵化后雏鸟的安全。

天鹅和鹤类

一些大型鸟类也喜欢在地面筑巢，例如长距离迁徙的天鹅，会在水边的草地上用干草搭建很大的平台巢，这样才能容纳它们较大的体形。与此相似的是鹤类，例如著名的珍稀物种丹顶鹤。每年春季，当丹顶鹤们从我国江苏盐城的越冬地回到黑龙江的扎龙后，雌鸟和雄鸟会一起在沼泽湿地表面用干草搭建大型地面巢。遇到水位上涨时，它们也会继续添加干草，让这个平台状的巢继续升高。

地面巢也精致

对善于筑巢的雀形目鸣禽来说，即使是地面巢，也要设法筑得精致。例如生活在旷野地带的凤头百灵，除了会用干草编织精细的碗状巢外，还会在巢的上方用更长的高草搭建“屋顶”，起遮蔽作用。而它的同胞漠百灵，则是在荒原上收集小石头筑巢，然后在上面铺设干草。有趣的是，百灵们的巢常常会建在一块岩石后面,这样就可以避风了。

凤头百灵

雉之家

家雉属于鸡形目，有 20 余种，主要生活在澳大利亚北部和新几内亚岛的森林。它们的鸟巢形似墓冢，堪称最为奇特的地面巢。冢雉首先会在地面用脚向下挖一个大约深一米、直径两米多的大坑，再把周围的枯草树叶都堆进这个坑中。随着下雨积水，坑中的植物会逐渐腐烂并释放出热量。这时，冢雉会回来往枯草堆上铺沙土，这能起到防止热量流失的作用。

哇，小鸟能飞了！

萌懂一刻

雏鸟出冢

雌冢雉会在沙堆上产卵，并把卵深埋其中。在接下来的时间里，雄冢雉会负责照看好巨大的“山丘”。它甚至会根据天气的冷热程度及时增减沙土，保证巢内的温度在合适的范围内。几个月后，当小鸟孵化出来时，已经羽翼丰满，当日便可飞行。不过雏鸟出巢可不容易，需要自己从巢内部挖掘出一条“隧道”，才能见到土丘上的天日。

园丁鸟的亭台

园丁鸟修建的地面巢更注重巢周围的装饰效果。雄园丁鸟求偶时依靠的不是华丽的羽毛、曼妙的舞姿或美妙的歌喉，而是用干草、树枝等搭建一个“凉亭”。

缎蓝园丁鸟会制造一个双塔状结构的“凉亭”，就像一道平行的墙。为了完成这项“工程”，它会展开奇特的收集工作，将周围能找到的一切蓝色小物件摆放在凉亭周围，例如自然界的蓝色果子、羽毛，或者是从人类活动区域找到的蓝色纸屑、瓶盖、线绳、玻璃、塑料等。

各爱其色

不同种类的园丁鸟在装饰风格上各有不同，或者对不用的颜色各有其爱。例如大亭鸟更偏爱白色物品，各种褪色的贝壳、螺壳、骨头等是它们最喜欢的收集品。而褐色园丁鸟则更钟爱自然界各种颜色的果实和昆虫，它们的凉亭可以长达两米。据说欧洲的博物学家第一次见到这样的陈设时，还以为是当地原住民所为，缤纷多样的装饰品是用作欢迎他们的仪式，没料到竟然是鸟类的杰作。

动动蛙笔记 另有其巢

雌园丁鸟的择偶标准正是“凉亭”的完美程度和各色装饰品搭配的丰富度。不过雄园丁鸟辛苦搭建的凉亭其实并非真正意义上的鸟巢，因为当雌雄园丁鸟情投意合后，它们会迅速完成交配。随后，雌鸟便会自行寻找另一个隐蔽场所，在灌木丛中搭建一个精巧的碗状巢，独自产卵、孵蛋和养育后代。

水面巢

水鸟更偏好在水面上筑巢。因为很多陆上的天敌无法轻易接近悬浮于水面之上的巢。鸟类的水面巢通常由水生植物缠结而成，质地轻盈，能随水位升降。

水下的“锚”

䴙䴘的腿更靠身体后部，在地面上显得“重心不稳”，无法像鸭子那样扭来扭去行走，所以它们通常都待在水里。小䴙䴘是最常见的种类，会利用水草在距离水岸稍远一点的水面上制作一个浮巢，巢的底部会系在水底的沉水植物上，好像船锚，防止漂走。

共同孵育

雌小䴙䴘会把蛋产在浮巢中央，随后雌鸟雄鸟轮流孵蛋。当都要离巢寻觅食物时，它们会衔来树叶等盖在蛋上，以免蛋被天敌发现。带着黑白条纹的小䴙䴘宝宝孵化出来后，雌鸟雄鸟还会轮流把它们驮到背上，并不时捕捉鲜活的鱼虾喂养它们。

萌懂一刻

讲究的水面巢

水雉类对于搭建浮巢的水面有专门的选择——一定得是密布浮水植物的池塘才行，而且这些水生植物需要长着宽大的叶片。例如我国的水雉就特别喜欢芡实田，会在芡实大大的叶片上堆积其他干枯的植物筑巢。水雉超级细长的脚趾有效减少了踩在浮水植物上的压力，使它们能够在这些叶片间畅行无阻。

黑水鸡、骨顶鸡也都是水上筑巢好手，它们更喜欢利用菖蒲、香蒲、芦苇等挺水植物的叶子作为筑巢材料。其中最特别的是角骨顶，它们的水面巢还有坚实的石头基座，由雌雄角骨顶从水边的乱石堆里将一颗颗石头辛苦收集而来，再在上面铺设水草筑巢，令人赞叹不已。

16

筑巢在岩壁

对于生活在悬崖峭壁上的海鸟而言，寻觅合适的筑巢材料可不是一件容易的事。不过，这些险峻陡峭的岩壁也有安全的一面，因为想要“偷蛋”的天敌不容易接近鸟巢。

有坑就是巢

海雀干脆放弃使用建巢的材料，而是直接挑选岩壁上某个合适的凸起或凹坑作为巢址，直接产卵，崖海鸦、刀嘴海雀都是这样做的。海雀的蛋经过长期的自然选择，演化出一头很窄、一头浑圆的形状。这种形状的鸟蛋只在很小的一个范围里滚动，一般不会落下岩壁。

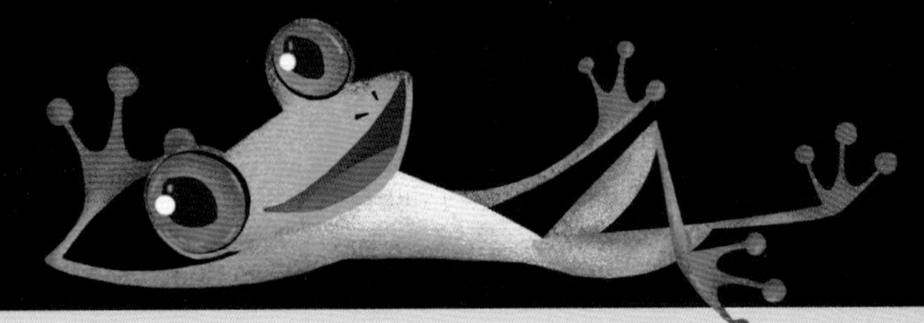

海草巢

三趾鸥会不辞辛劳地从远处衔来合适的海草，搭建出一个很厚很深的巢，它们的鸟蛋就深深埋在巢里，安全而不会滚落山崖。三趾鸥雏鸟孵化出来后，会安静地坐在巢里，甚至“聪明”地选择面壁的姿势，避免高空坠落。直到爸爸妈妈从海中带来半消化的鱼虾，在有限的岩壁空间上给它们喂食。

燕之窝

山间乃至山洞的岩壁同样也是一些鸟类喜爱的巢址。雨燕会在光滑的岩壁上筑巢，所用的材料主要是湿润的泥土、细小的苔藓、小树枝等。

雨燕家族中的金丝燕，会用自己的唾液分泌物混杂着细弱的羽毛等，一点一点凝结起一个紧贴岩壁的碗状巢。这就是大名鼎鼎的燕窝。

家燕的家

家燕是一种分布极广的常见鸟类，它们拥有镰刀状的翅膀、开叉的燕尾和灵活的飞行本领。

人们熟悉家燕，还有一个很重要的原因，就是家燕喜欢在人们生活的房前屋后活动，并且常常把巢筑在屋檐下。“谁家新燕啄春泥”说的就是到了春天，当在南方越冬的家燕陆续北返后，会找寻合适的地方搭建自己的鸟巢。

坚固的泥巢

带有屋檐的平房墙壁是家燕筑巢的理想地。家燕们会在水边用嘴沾起一小块泥巴糊在墙壁上，如此反复，无数块小泥巴相互粘连，搭出一个半碗形的泥巢。当这些湿泥巴中的水分蒸发后，会变得非常坚固。

“小燕子，穿花衣，年年春天来这里。”这首人们耳熟能详的儿歌中所描绘的穿花衣的小燕子，一般是指家燕的同类金腰燕。金腰燕的腹部有很多纵向斑纹，不像家燕长着纯白色的肚皮。不过它们俩都长着红色的喉部，都符合我们心目中小燕子的形象。

金腰燕在人类房屋外墙壁所修筑的泥巢，顶端是与屋檐下的房顶直接贴合在一起的，只留有一个小洞口作为燕爸燕妈进出的通道，之后孵化出的小金腰燕也会从这个洞口冒出头来。

小燕子没有家了！

动动蛙笔记

无处筑巢

伴随着城市化发展，适合家燕和金腰燕筑巢的带有屋檐的低矮房屋已经不多见了。因而在很多地方，燕科鸟类的种群数量有不同程度的减少。

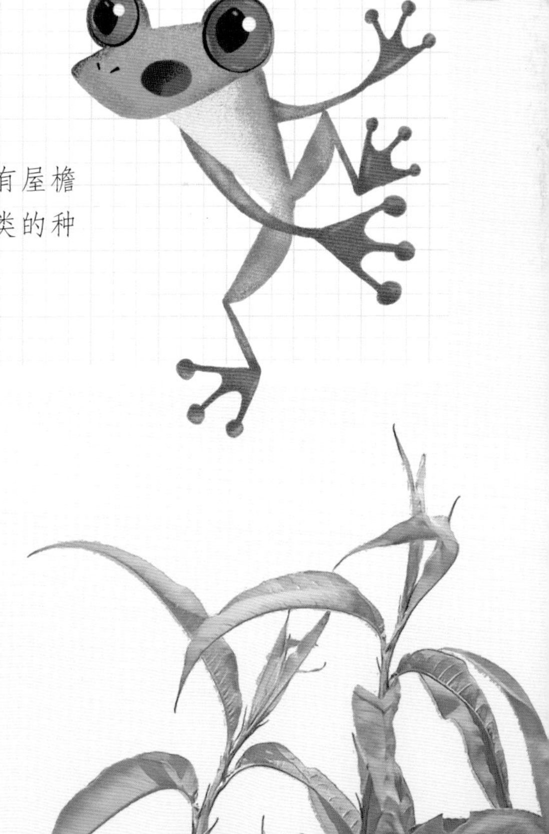

岩隙洞巢

岩壁并不总是严丝合缝，常常会留有一些天然的缝隙。总是会有一些小鸟利用合适的缝隙筑成独特的岩隙洞巢。当然，能利用这种狭窄空间的鸟类大多身形苗条、灵活机动。例如喜爱在水边活动的灰鹡鸰，当它们寻找到合适的缝隙后，会将干草、小树枝等衔来，在缝隙里搭出安逸的碗状巢。这种巢既能够避免水淹的风险，又因为有岩石的保护而相对坚固。

隐秘封口

比灰鹡鸰更喜欢水、甚至能够在溪流中潜水捕食的河乌和褐河乌，在岩隙洞巢的制作上更为隐秘。一旦选定巢址，它们会用嫩枝、干树叶、苔藓等把岩隙封住，只留一个能够进出和张望的开口，这样就更安全了。

引敌离巢

白腹蓝鹟通常在树林里活动，却喜欢在岩隙筑巢。雌鸟会选取树根、树枝等弯折在一起作为巢的基底，选用苔藓搭建巢身，形成一个精致松软的碗状巢。而雄鸟主要负责守卫鸟巢，如果有闯入者来到附近，它会主动飞离鸟巢，并不断鸣叫，将敌人引开。

小心偷袭者

生活在加拉帕戈斯群岛附近海域的海燕和鹱，会在岛屿的岩石岸边寻觅合适的缝隙，简单地用少许草茎搭建出鸟巢。不过，它们必须非常警惕，因为它们的天敌会在巢穴附近隐蔽。例如羽色与周围几乎可以融为一体的短耳鸮，就常常静静地潜伏在这些岩石丛中，等待归巢的海燕自投罗网。

何鑫 摄

何鑫 摄

土洞巢居者

有些河流的河岸边不是岩石而是土坡，许多鸟儿在此掘洞筑巢。最精于此道的是城市水边常见的普通翠鸟，它们善于利用土坡挖掘洞穴，把蛋产在洞的最深处。在翠鸟家族中，有些会直接选择在河堤的土壁上挖洞，还有些则会飞得稍远一些，在河流附近生长植物的地方寻觅更隐蔽的土坡挖洞。鸟爸鸟妈抓到小鱼小虾后，都会尽快飞回洞里，哺育还不能独立生活的翠鸟宝宝。

密集群巢

翠鸟的亲戚蜂虎更偏好在开阔的土壁上挖洞筑巢。与独来独往的翠鸟不同，蜂虎们喜欢集群筑巢。因此有些土壁上会形成密密麻麻的洞口。一些猛禽则直接在这些集群洞巢附近捕猎蜂虎。

工地上的崖沙燕

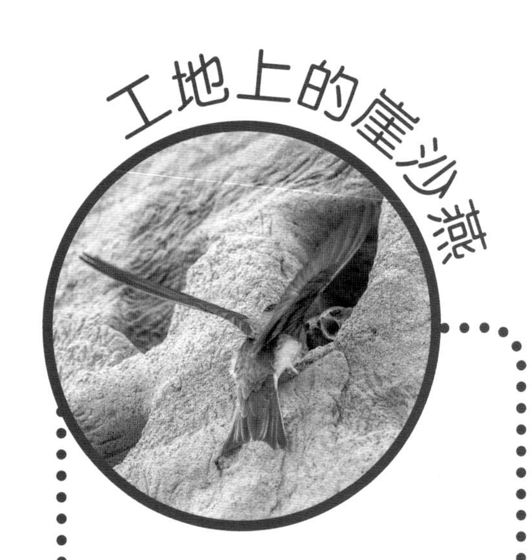

崖沙燕在繁殖期会营造壮观的集群洞巢。常常有一些建筑工地施工时所挖掘的地基，因为堆出了大面积的土壁，故而被崖沙燕当成了筑巢地。

动动蛙笔记 另类的穴小鸮

鸟类在土中挖洞为巢，大多都是直着向里的。而善于打洞、喜欢在洞中生活的哺乳动物的洞都是朝下挖掘的。鸟类世界中也有朝下挖洞的另类——穴小鸮。

穴小鸮这种独特的猫头鹰天生会向下挖洞，洞除了作为繁殖小鸟的巢外，平常遇到危险时，喜欢三三两两一起生活的它们也会躲入其中。

寻找树洞

在树木茂盛的地方，许多鸟儿喜欢在树上营造自己的洞巢。很多枝干粗大的树木在生长过程中常常会形成天然的树洞。树洞本身依托于树木的结构，兼具牢固与通风的特点，所以不少鸟儿很喜欢以这种“现成”的洞穴为巢。

戴胜的臭臭巢

羽毛颜色十分鲜艳美丽的戴胜找到合适的树洞后就直接在里面产卵，甚至连鸟宝宝的便便也不处理，弄得整个洞臭臭的，因此有了“臭姑姑”的别称。

屋顶当树洞

仓鸮是一种常见的猫头鹰，它们喜欢直接找一个大大的树洞，在里面养育后代。实在找不到树洞的时候，它们会看上人造的传统平房阁楼，这种建筑木结构的屋顶角落和树洞有几分相似。

“装修”树洞

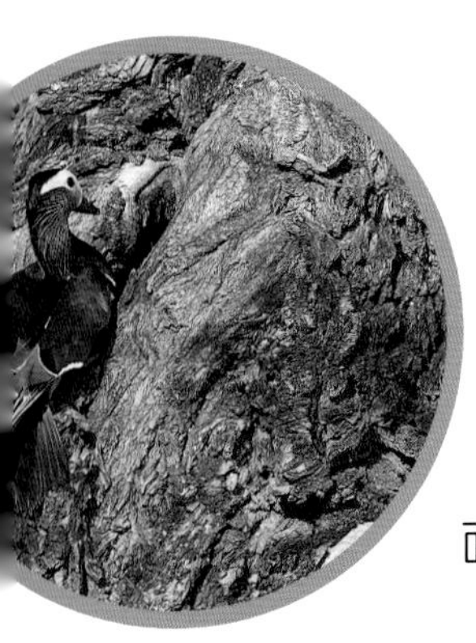

有一些鸟类在树洞里安家前会进行一番装修。大山雀选定合适大小的树洞后，会衔来苔藓、嫩枝乃至动物的毛发作为铺垫材料，然后才下蛋。鸳鸯在交配后也会在茂密的树林间选择一处距离地面很高的合适树洞，在里面填充柔软的羽毛作为自己的巢。

动动蛙笔记

封闭的树洞巢

最离奇的树洞巢或许非犀鸟家族莫属。雌雄犀鸟首先会寻找一处足够容纳雌犀鸟身体大小的大树洞，在洞底铺上木屑，然后用雌犀鸟的排泄物混杂着木屑以及雄犀鸟不断衔来的泥巴糊起洞口。最终雌犀鸟会被完全封闭在洞中，只留一个能把嘴尖探入探出的垂直缝隙。接下来的数个月里，雌犀鸟会在这个几乎封闭的空间里产卵、孵蛋、育雏乃至换羽。而雄犀鸟则负责在外面寻觅食物，并及时带回来给雌犀鸟享用。

在树上筑巢

树洞虽然是很好的天然鸟巢，但毕竟数量没有那么多。对于大多数鸟儿来说，在树上找到一个相对平整的地方，衔来一些树枝树叶铺成一个平台状的鸟巢，还是最简便易行的。树巢能有效地躲开地面上的众多捕食者，因此是鸟巢中最普遍的形式。

树顶鹰巢

与小鸟相比，一些体形较大的鸟类并不具备编制精致鸟巢的能力，如鹰隼等猛禽，它们主要选择在树顶敞开的空间修筑一个平台状的巢。对于处在食物链顶端的猛禽来说，即便鸟巢建在暴露的树顶也没什么好担心的。

旧巢层叠

与猛禽有相似搭巢习惯的是喜鹊，也是用各种中等粗细的树枝搭巢，而且喜欢在旧巢的基础上搭巢，这使得一些喜鹊的巢庞大得像个高层别墅，不过只有最顶层才是真正能使用的空间。有时候，在电力设施上也会出现喜鹊巢，甚至会造成电线短路，人们不得不想办法清理掉它们。

白鹳之巢

体形较大的东方白鹳所修筑的也是平台巢，其主体结构使用的是它们四处衔来的较大的树木枝杈，在巢的中央则有较细弱的芦苇叶、枯草等。当东方白鹳妈妈孵蛋时，较大的体重足以将巢中央压凹下去，避免了蛋的滚动，保证了后代的安全。

白鹳是东方白鹳的亲戚，主要在欧洲繁殖。它们常常会选择传统建筑的屋顶烟囱位置搭巢。

萌懂一刻

“天屎林”

常见的各种鹭类，例如夜鹭、白鹭、牛背鹭，都是在树上铺设简单平台巢，而且特别喜欢集群筑巢。时间一长，巢下的地面会逐渐被鸟屎染成白色。

精致的编织巢

比起大多数地面巢、水面巢、洞巢、树巢等鸟巢，编织巢更为精致。最常见的就是碗状编织巢，许多体形娇小的林鸟都会制作这样的巢。它们一般会选择在几根树杈的交接点修筑碗状巢，保证基底的牢固。有些小鸟钟情于小树枝和草茎等传统植物材料，最多再铺设点苔藓，增加柔软度。但也有一些鸟儿取材广泛，把能够找到的鸟羽、哺乳动物的毛发，乃至蛇蜕下的蛇皮等作为辅助材料。

寿带的杯状巢

“塑料”鸟巢

很多小鸟还学会将人类世界中轻易可以寻觅到的塑料袋、塑料绳等材料编织到自己的碗状巢中。常见的白头鹎、乌鸫等都精于此道。但塑料可能会影响鸟巢的透水功能，甚至缠绕到幼鸟身上造成危险。

杯状巢

在碗状巢的基础上，许多鸟儿发展出了更深的杯状巢。这种巢的内部空间更大，对于幼鸟也更为安全。由于杯状巢的“杯身”相对更高，不少鸟儿会添加蜘蛛丝来增加巢材的黏合度。为了减轻重量，杯状巢的巢材主要来自更为轻盈的草茎。

蜂鸟的杯状巢

杯状巢大观

美丽的寿带所修筑的杯状巢一般位于倾斜的树枝上，旁边会有一根小枝杈作为辅助支撑。棕头鸦雀喜欢将自己的杯状巢修建在茂密的高草丛和灌木丛中。而我国南方的扇尾鹟和北美的各种蜂鸟都喜欢在平行的枝条上筑巢，后者因体形很小，巢也筑得特别娇小可爱。

悬挂在树梢

碗状巢和杯状巢，只是编织巢中的“基础款”。林鸟在编织巢上所花费的心思永远会超出人们的意料。一些鸟儿把巢搭在了树杈最末端的极限位置，利用两边的树杈作为支撑，把碗状或杯状的巢悬空编织在树杈下方。悬挂巢更不易接近，增加了安全性，当然，编织的难度也更大了。

选材讲究

编织精细的鸟巢，需要选择更讲究的材料。头上带着一抹黄色的戴菊娇小可人，这种在北方繁殖的鸟类，基本都把巢修筑在松柏等枝条的末端，由地衣、苔藓构成，内部填上羽毛，安全实用又保温。

而生活在我国西北的白冠攀雀所修筑的悬挂编织巢更为精致。它们会精挑细选一根坚韧程度满足要求的垂枝，伴随着四处寻觅来的羊毛，制作一个密密实实的环状结构，并不断增加羊毛和枝条、树叶。两周后，一个像口袋一样的柔软编织巢就悬挂在了空中。

织巢鸟可不是浪得虚名，它们的确是织巢的高手。织巢鸟也叫织布鸟、织雀，种类众多，主要分布于非洲。在我国云南南部有黄胸织雀和纹胸织雀。

编织鸟巢主要是雄织雀完成的，可以说，雄织雀一生中最主要的任务就是编织鸟巢。它们会找寻棕榈的茎叶以及草枝等天然纤维作为材料，通过用嘴拖、拉、抽、拽等方式，将这些植物材料缠绕在一起，最终编织成一个悬吊在树枝上的造型奇特、结构紧致的鸟巢。

萌懂一刻

群织雀的“公寓”

有一种特别的群织雀，喜欢集群在大树顶上筑巢。密密麻麻的编织巢挂在树枝上，形成了一个奇特的“鸟巢公寓”，同时有数百只群织雀分别在其中拥有自己的房间。而且，这些精致的编织巢往往能持续使用多年。

鸟巢中的另类

绝大多数鸟类借助自然环境和天然的材料制作鸟巢，但也有很多特殊情况。例如人工巢箱。通常只有习惯于树洞巢、且忍受度高的鸟类才会选择人工鸟巢。

来看看人工鸟巢是怎么做成的吧。

麻雀

麻雀会在房屋的缝隙、管道的间隙等位置筑巢，有时也愿意采纳人工巢箱。

缝叶莺

缝叶莺会直接用现成的大树叶作为巢材。它们会将一大片比自己身体大数倍的叶子卷起，然后使用蜘蛛丝或从蛾类的茧中剥取的细丝缝合叶片边缘，这也正是缝叶莺名字的由来。

会啄洞的啄木鸟

与那些以天然树洞为巢的鸟类不同，啄木鸟具有在树干上啄洞的特殊本领。对于啄木鸟来说，“啄木”本来是为了捕食，当然啄出的树洞也可以作为产卵的场所。有时候，啄木鸟留下的“二手”树洞，也成了其他一些鸟类的洞巢。

杜鹃占巢

在繁殖期，雌杜鹃会瞅准其他鸟类的巢，趁鸟爸鸟妈离巢觅食之际，偷偷飞入快速产下一枚蛋，还会“偷梁换柱”，移除一枚原有的鸟蛋。蒙在鼓里的鸟爸鸟妈会把杜鹃宝宝当成自己的后代辛苦喂养。这种现象在自然界中被称为“巢寄生”。

八哥

何鑫 摄

在人类生活区域常见的八哥等椋鸟更偏爱公路路牌上的横向管道。对它们来说，这个金属管的开口就宛如一个结实的洞穴，只要把巢材铺进去即可。